Bibliografische Information der Deutschen Nationalbibliothek:

Die Deutsche Bibliothek verzeichnet diese Publikation in der Deutschen National-
bibliografie; detaillierte bibliografische Daten sind im Internet über http://dnb.d-
nb.de/ abrufbar.

Impressum:

Copyright © 2006 GRIN Verlag, Open Publishing GmbH
Druck und Bindung: Books on Demand GmbH, Norderstedt Germany
ISBN: 9783640540679

Dieses Buch bei GRIN:

http://www.grin.com/de/e-book/143026/grundlagen-und-aufgaben-raeumlicher-
planung

Daniel Hamann

Grundlagen und Aufgaben räumlicher Planung

Bauleitplanung I - Flächennutzungsplan - Landschaftsplan

GRIN Verlag

GRIN - Your knowledge has value

Der GRIN Verlag publiziert seit 1998 wissenschaftliche Arbeiten von Studenten, Hochschullehrern und anderen Akademikern als eBook und gedrucktes Buch. Die Verlagswebsite www.grin.com ist die ideale Plattform zur Veröffentlichung von Hausarbeiten, Abschlussarbeiten, wissenschaftlichen Aufsätzen, Dissertationen und Fachbüchern.

Besuchen Sie uns im Internet:

http://www.grin.com/

http://www.facebook.com/grincom

http://www.twitter.com/grin_com

Geographisches Institut

Grundlagen und Aufgaben räumlicher Planung

Wintersemester 2006/07

Hausarbeit zum Thema:

B a u l e i t p l a n u n g   I

Flächennutzungsplan - Landschaftsplan

Verfasst von

Daniel Hamann

Inhaltsverzeichnis

1. Der Flächennutzungsplan

Der Flächennutzungsplan (FNP) zeigt bebaute und unbebaute Flächen. Die bebauten bzw. künftig zu bebauenden Flächen werden unterteilt in die Kategorien Wohnbauflächen, gemischte und gewerbliche Bauflächen sowie Sonderbauflächen. Die unbebauten Flächen werden dargestellt als Grünflächen, Flächen für die Landwirtschaft und Wald sowie Flächen für naturschutzrechtliche Maßnahmen. In den Flächennutzungsplan werden gesetzlich vorgeschriebene Planungen und Nutzungsregelungen nachrichtlich übernommen. Der Flächennutzungsplan ist nicht unmittelbar rechtswirksam. Er bindet jedoch die Stadt und andere öffentliche Planungsträger bei Vorhaben und Fachplanungen. Der Flächennutzungsplan ist die Grundlage für rechtlich verbindliche Bebauungspläne.

Die Bauleitplanung ist das wichtigste Planungsinstrumentarium zur Lenkung und Ordnung der städtebaulichen Entwicklung einer Gemeinde.
Die städtebauliche Planung in den Städten und Gemeinden der Bundesrepublik Deutschland stützt sich im Wesentlichen auf zwei Planungsstufen: Auf den Flächennutzungsplan als vorbereitenden Plan und auf den Bebauungsplan als verbindlichen Bauleitplan.
Der Flächennutzungsplan stellt die erste der zwei Planungsstufen der deutschen Bauleitplanung dar. Er wird von der Gemeinde in eigener Verantwortung aufgestellt. Als vorbereitender Bauleitplan kennzeichnet er die generellen räumlichen Planungs- und Entwicklungsziele einer Stadt oder Gemeinde.
Inhalte und Aufstellungsverfahren sind im Baugesetzbuch (BauGB) geregelt. Danach soll der Flächennutzungsplan „eine nachhaltige städtebauliche Entwicklung und eine dem Wohl der Allgemeinheit entsprechende sozialegerechte Bodennutzung gewährleisten und dazu beitragen, eine menschenwürdige Umwelt zu sichern und die natürlichen Lebensgrundlagen zu schützen und zu entwickeln"(§1 Abs. 5 BauGB).
Deshalb ist in §5 Abs. 1 BauGB für das ganze Gemeindegebiet „die sich aus der beabsichtigten städtebaulichen Entwicklung ergebende Art der Bodennutzung nach den voraussehbaren Bedürfnissen der Gemeinde in den Grundzügen darzustellen."
Eine Gemeinde ist verpflichtet, die unterschiedlichen privaten und öffentlichen Belange gegeneinander und untereinander gerecht abzuwägen.

Im Flächennutzungsplan werden Nutzgrenzen nicht parzellengenscharf dargestellt. Sie werden erst im Bebauungsplan, dem verbindlichen Bauleitplan überprüft und genau definiert.

Der FNP hat auch eine Programmführungsfunktion, da er nicht nur die Art der Bodennutzung in Grundzügen darstellt sondern auch die Ziele der Raumordnung wiedergeben muss. Der FNP ist somit vorbereitende Grundlage für die spätere Aufstellung von Bebauungsplänen.

Im Flächennutzungsplan wird das gesamte Gebiet einer Stadt oder Gemeinde dargestellt. Es werden insbesondere für eine Bebauung vorhergesehenen Flächen, die Einrichtungen und Anlagen des Gemeindebedarfs, Flächen fürs Sport- und Spielanlagen, Flächen für den überörtlichen Verkehr, für Ver- und Entsorgungsanlagen, die Grünflächen sowie die Flächen für Landwirtschaft und den Wald dargestellt. Somit hat der FNP auch eine Programmierungsfunktion, da mit der Darstellung des gesamten Gemeinde- oder Stadtgebiets eine Orientierung für den Bebauungsplan geschaffen werden soll.

HEINEBERG definiert als „Darstellung der für die Bebauung vorhergesehenen Flächen nach der Art ihrer baulichen Nutzung in Anlehnung an die Benutzungs- und Planverzeichnisordnung (1990)" (2006:149):

1. Art der baulichen Nutzung: Wohnbauflächen, gemischt Bauflächen, gewerbliche Bauflächen, Sonderbauflächen
2. Maß der baulichen Nutzung
3. Bauweise, Baulinien, Baugrenzen: offene Bauweise, geschlossene Bauweise, Baulinie, Baugrenze
4. Gemeindebedarfsflächen: z.B. für öffentliche Veranstaltungen, Schulen, Flächen für Sport- und Spielanlagen
5. Flächen für den überörtliche Verkehr: z.B. Autobahnen
6. Verkehrflächen: z.B. Straßenverkehrsflächen, öffentliche Parkflächen, Fußgängerbereich
7. Flächen für Versorgungsanlagen, für Abfallentsorgung und Abwasserbeseitigung sowie für Ablagerung
8. Grünflächen: z.B. Parkanlagen, Dauerkleingärten, Spielplatz
9. Wasserflächen, Flächen für Wasserwirtschaft, etc.

10. Flächen für Aufschüttungen, Abgrabungen oder Gewinnung von Bodenschätzen

11. Landwirtschafts- und Forstwirtschaftsflächen

1.1. Rechtslage des Flächennutzungsplans

Festsetzungen im FNP sind in erster Linie nur verwaltungsintern bindend, also für den normalen Bürger entfalten die Darstellungen eines FNP in der Regel keine rechtliche Bindungswirkung.

Doch der FNP hat bestimmte Bindungswirkungen:

- Der FNP ist ein so genanntes „Verwaltungsprogramm", damit bindet sich die Gemeinde künftige Bebauungspläne aus dem FNP zu entwickeln. (§8 Abs. 2 BauGB)

- Für die am Verfahren beteiligten Behörden und Stellen ist der FNP verbindlich, sofern sie diesem Plan während des Aufstellungsverfahrens nicht widersprochen haben. (§7 BauGB)

- Bürger können aus dem FNP weder Rechtsansprüche noch Entschädigungsansprüche herleiten, da der FNP lediglich behördenbindlich ist und vom Gemeinderat als verwaltungsinternes Planwerk festgelegt wird.

1.2. Zusammensetzung eines Flächennutzungsplans

Ein Flächennutzungsplan besteht immer aus zwei Teilen.

Erstens aus einer Planzeichnung, da der FNP für das Gesamte Gemeinde- oder Stadtgebiet aufgestellt werden muss, wird er in der Regel im Maßstab 1:10.000 bzw. 1:15.000 benutzt. In der Planzeichnung werden die bei HEIDRICH genannten Flächen zur Bebbauung, Ver- und Entsorgung, Flächen für öffentliche Zwecke, Verkehr, sowie Grün- und Wasserflächen ausgewiesen.

Der zweite Teil eines FNP ist der Erläuterungsbericht, er dient zur Erläuterung der Planzeichnung. Der Erläuterungsbericht muss nach §5 Abs.5 BauGB einem FNP immer beigefügt sein. In ihm wird die gewählte Darstellung begründet, sowie Ziele und Auswirkungen des Plans erläutert.

1.3. Aufstellungsverfahren eines Flächennutzungsplans

Im Baugesetzbuch von 1997 ist die Geltungsdauer eines FNP nicht genau geregelt. Sie sollte sich aber an den Bedürfnissen der Stadt oder Gemeinde orientieren.

Da das Aufstellungsverfahren sehr langwierig ist und eine längerfristige Planungssicherheit erreicht werden soll, versucht man eine Geltungsdauer von etwa 15 Jahren anzustreben.

In diesem Zeitraum wird der FNP überprüft und gegebenenfalls neu aufgestellt, ergänzt oder geändert.

Wenn sich die Planungsziele wesentlich verändert haben, der FNP also neu aufgestellt werden muss hat die Gemeinde Planungshoheit.

Trotz der Planungshoheit muss sich die Gemeinde bei der Erstellung eines neuen FNP aber an Ziele der Raumordnung sowie die Bestimmungen der übergeordneten Fach- und Landesplanung halten.

Werden benachbarte Gemeinden wesentlich von den Entwicklungen beeinflusst, soll ein gemeinsamer Flächennutzungsplan aufgestellt werden.

Zu diesem Zweck können sich Gemeinden wie auch andere Planungsträger zu Planungsverbänden zusammenschließen. (BRUNOTTE 2001:383)

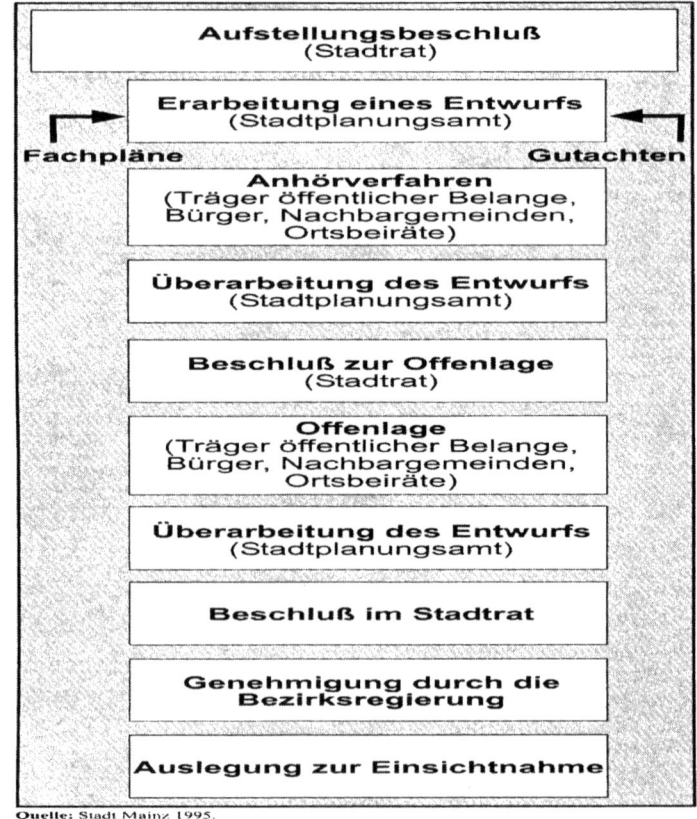

Quelle: Stadt Mainz 1995.

Der Entwurf soll möglichst frühzeitig Bürgern und Verbänden zugänglich sein. Durch die öffentliche Auslegung des Entwurfs wird gewährleistet, dass es zur schnellen Bekanntgabe des neuen FNP kommt.

Daraufhin steht es allen Bürgern der Gemeinde oder des Stadtgebiets zu Stellungsnahmen und Änderungsvorschläge einzureichen. Nun muss der Stadt-, oder Gemeinderat die eingereichten Stellungnahmen mit anderen Interessen abwägen, bevor es zur Genehmigung des Plans kommt. Neben der Öffentlichkeit werden auch Behörden und andere Öffentliche Einrichtungen aufgefordert eine Stellungsnahme zum Entwurf des FNP abzugeben.

Nachdem der FNP dann nach §6 Abs.1 BauGB durch die Bezirksregierung genehmigt wurde, ist er durch seine Bekanntmachung (§6 Abs.5 BauGB) dann wirksam.

1.4. Flächennutzungsplan der Stadt Mainz

Der FNP der Stadt Mainz ist am 24.05.2000 wirksam geworden, am 1989 beschloss die Stadt Mainz den weitgehend überholten FNP aus dem Jahre 1976 neu aufzustellen. Seit dem der neue FNP gültig ist, haben sich aufgrund aktueller Gesetze und Beschlussfassungen zu Planungszielen neben den abgeschlossenen Änderungsverfahren, zahlreiche redaktionelle Korrekturen bei den Darstellungen und nachrichtlichen Übernahmen ergeben. Auch bezüglich der Realnutzung wurde eine Ergänzung und Anpassung an den tatsächlich vorhandenen Bestand erforderlich. All diese Veränderungen und Neuerungen wurden in einer redaktionellen Fortschreibung des Flächennutzungsplanes zusammengefasst. Außerdem haben sich im Bestand Veränderungen ergeben, deren Beachtung im Flächennutzungsplan für erforderlich gehalten wird.

In diesen vier Jahren seit der FNP wirksam geworden ist, summieren sich die vorgenommenen redaktionellen Änderungen und Korrekturen auf 90 Punkte. Die planerischen Grundzüge des wirksamen und nach wie vor gültigen Flächennutzungsplanes vom 24.05.2000 werden hiervon jedoch nicht beeinflusst. Stand der redaktionell fortgeschriebenen Fassung des FNP ist Juli 2004, er stellt die aufgrund von Beschlüssen der städtischen Gremien verfolgten Planungsziele und tatsächlichen Nutzungen dar.

Der Flächennutzungsplan ist online abrufbar, der Kartenteil der Anwendung wird im Bereich zwischen 1:20.000 und 1:2.500 angezeigt. Zwischen 1:20.000 und 1:7.500 jedoch ohne das aktuelle Kataster.

- Ausschnitte aus dem Flächennutzungsplan der Stadt Mainz

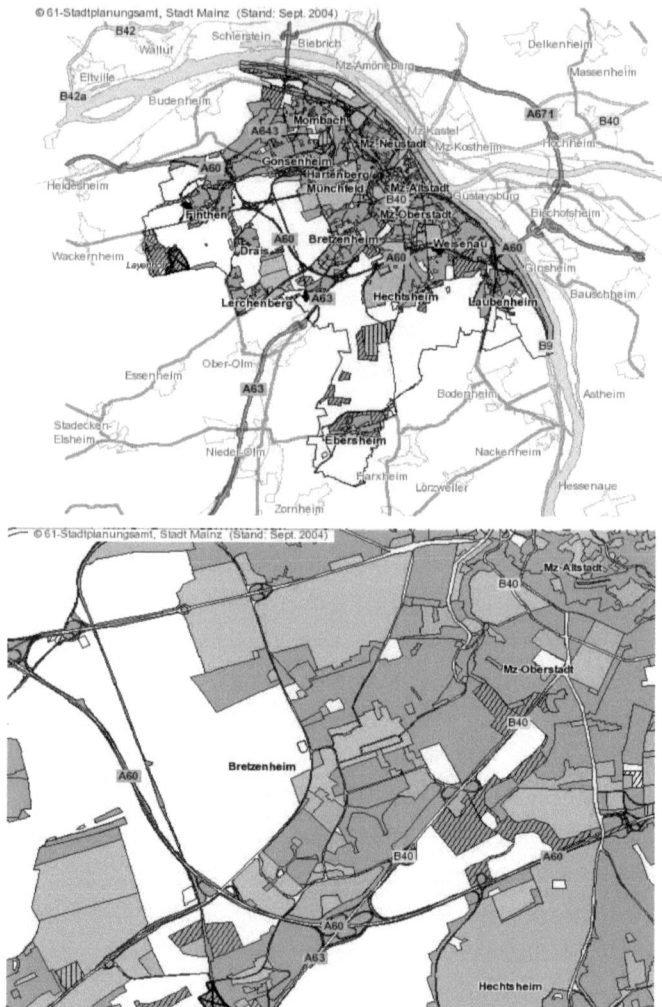

(Quelle: Stadt Mainz, Stand September 2004)

- Erklärung/Planzeichenlegende

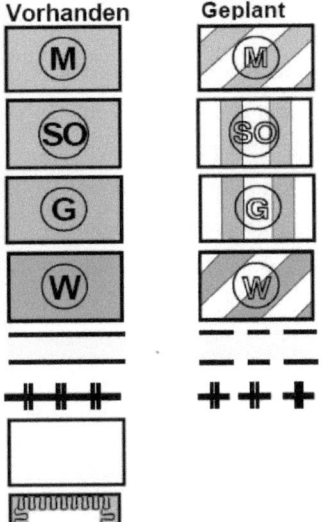

Vorhanden **Geplant**

Gemischte Bauflächen (§ 1 Abs. 1 Nr. 2 BauNVO)

Sonstige Sondergebiete (§ 11 BauNVO)
mit Zweckbestimmung

Gewerbliche Bauflächen (§ 1 Abs. 1 Nr. 3 BauNVO)

Wohnbauflächen (§ 1 Abs. 1 Nr. 1 BauNVO)

Autobahnen / überörtliche und örtliche
Hauptverkehrsstraßen
ÖPNV - Trassen

Flächen für die Landwirtschaft

Umgrenzung der Flächen mit wasserrechtlichen
Festsetzungen

(Quelle: Stadt Mainz/Planzeichenlegende)

2.   Der Landschaftsplan

Der Landschaftsplan enthält die Grundlagen für den Schutz, die Pflege und die Entwicklung von Natur und Landschaft, sowohl im besiedelten als auch im unbesiedelten Bereich. Dabei ist vor allem die Landschaftsplanung als Vorraussetzung für die Aufstellung des Landschaftsplans von Bedeutung. Er wird auf Gemeindeebene erstellt und dient im Rahmen der Bauleitplanung als Beitrag zum Flächennutzungsplan.

2.1.   Die Landschaftsplanung

Landschaftsplanung ist das Planungsinstrument von <u>Naturschutz</u> und <u>Landschaftspflege</u>. Sie hat die Aufgabe, die in den Naturschutzgesetzen des Bundes (BNatSchG) und den Landesnaturschutzgesetzen der Länder formulierten Ziele und Grundsätze von <u>Naturschutz</u> und <u>Landschaftspflege</u> zu konkretisieren, dies geschieht auf Landes Ebene im Landschaftsprogramm, auf regionaler Ebene im Landschaftsrahmenplan und Gemeinde und Städte legen dies in ihrem Landschaftsplan fest, in einigen deutschen Ländern auch für Teile von Gemeinden geschieht dies im Grünordnungsplan.

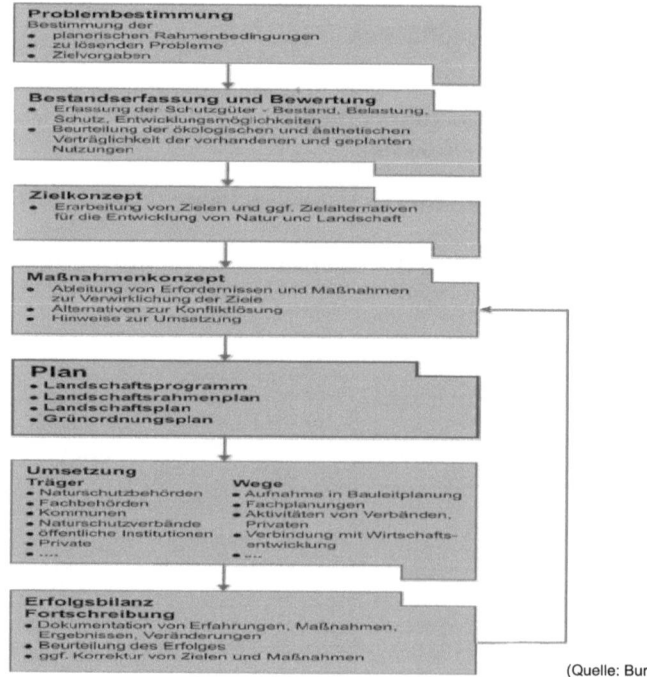

(Quelle: Bundesamt für Naturschutz)

Landschaftsplanung ist vorsorgeorientiert und verfolgt einen ganzheitlichen, flächendeckenden Ansatz zum Schutz, zur Pflege, zur Entwicklung und soweit erforderlich zur Wiederherstellung von Natur und Landschaft. Sie bezieht sich nicht nur auf "Landschaft" im umgangssprachlichen Sinne (freie Landschaft), sondern bindet auch Landschaftsteile wie Dörfer, Siedlungen, Städte und Industriegebiete in die Planungsarbeit mit ein. Sie wurde bereits 1978 mit dem Bundesnaturschutzgesetz bundesweit eingeführt.

So bestimmt das Bundesnaturschutzgesetz eindeutig:

> § 13 BNatSchG – Aufgaben der Landschaftsplanung (Gesetzestext)
>
> 1. Landschaftsplanung hat die Aufgabe, die Erfordernisse und Maßnahmen des Naturschutzes und der Landschaftspflege für den jeweiligen Planungsraum darzustellen und zu begründen. Sie dient der Verwirklichung der Ziele und Grundsätze des Naturschutzes und der Landschaftspflege auch in den Planungen und Verwaltungsverfahren, deren Entscheidungen sich auf Natur und Landschaft im Planungsraum auswirken können.
>
> 2. Die Länder erlassen Vorschriften über die Landschaftsplanung und das dabei anzuwendende Verfahren nach Maßgabe der §§ 13 bis 17. Zur örtlichen Erreichung dieser Ziele sind laut Gesetz Landschaftspläne aufzustellen.

2.2. Der Landschaftsplan

Der Landschaftsplan bildet auf örtlicher Ebene die Grundlage für alle Maßnahmen des Naturschutzes, der Landschaftspflege und der Landschaftsentwicklung. Er ist ein Rechtsplan, der von den Kreisen oder kreisfreien Städten aufgestellt und als Satzung beschlossen wird. Er dient im Rahmen der Bauleitplanung als Beitrag zum Flächennutzungsplan. Durch ihn soll die Gemeinde in den nächste 10 bis 15 Jahren eine zukunftsorientierte, nachhaltige Planungsgrundlage gewährleistet sein. Im Landschaftsplan werden Schutzgebiete und Schutzobjekte festgesetzt, Zweckbestimmung für Brachflächen, besondere Festsetzungen für die forstliche Nutzung und Entwicklungs-, Pflege- und Erschließungsmaßnahmen festgelegt. Arten- und Biotopschutz, Naturerlebnis und Erholung sowie die Regulation und Regeneration von Boden, Wasser und Luft sind weitere Ziele des Plans.

Der Landschaftsplan dient dazu, unsere Freiräume, vor allem in Verdichtungsgebieten, zu sichern und zu entwickeln. Die Landschaftspläne umfassen in einem Ballungsraum zwangsläufig auch Flächen, die durch vorangegangene Nutzungen stark anthropogen überformt sind, also keine "ursprüngliche Natur" mehr darstellen. In einigen Bereichen dieser Flächen kann beobachtet werden, dass Relikte vorangegangener industrieller Nutzungen wie Brachflächen, Halden, Abgrabungen usw. in manchen Fällen von Tieren und Pflanzen, deren natürliche Lebensräume verschwunden bzw. selten geworden sind, als Ersatzstandorte angenommen werden. Auch auf solche Gegebenheiten sollte bei Planungsüberlegungen vermehrt Rücksicht genommen werden und ein geregeltes Nebeneinander von menschlicher Nutzung und Naturschutz möglich gemacht werden.

Landschaftspläne bestehen aus einem Entwicklungs- und einem Festsetzungsteil in Text und Karten, meist im Maßstab zwischen 1:5.000 und 1:10.000. Die Entwicklungsziele beschreiben die Grundzüge der zukünftigen Landschaftsentwicklung mit ihren landespflegerischen Absichten und Aufgaben. Sie entsprechen in der Wirkung dem Flächennutzungsplan, d.h. sie sind behördenverbindlich.

Die Entwicklungsziele orientieren sich am BNatSchG, das in §6 Abs.1 die Pflicht der Gemeinden zum durchsetzen der Ziele des Naturschutzes vorschreibt.

Die Durchführung dieses Gesetzes und der im Rahmen und auf Grund dieses Gesetzes erlassenen Rechtsvorschriften obliegt den für den Naturschutz und Landschaftspflege zuständigen Behörden, soweit in anderen Rechtsvorschriften nichts anderes bestimmt ist.

Die Ziele des Naturschutzes sind laut §1 BNatSchG:

Natur und Landschaft sind auf Grund ihres eigenen Wertes und als Lebensgrundlagen des Menschen auch in Verantwortung für die künftigen Generationen im besiedelten und unbesiedelten Bereich so zu schützen, zu pflegen, zu entwickeln und, soweit erforderlich, wiederherzustellen, dass

1.   die Leistungs- und Funktionsfähigkeit des Naturhaushalts,

2.   die Regenerationsfähigkeit und nachhaltige Nutzungsfähigkeit der Naturgüter,

3.   die Tier und Pflanzenwelt einschließlich ihrer Lebensstätten und Lebensräume sowie

4.   die Vielfalt, Eigenart und Schönheit sowie der Erholungswert von Natur und Landschaft

auf Dauer gesichert sind.

Die unterschiedlichen Entwicklungsziele und die Abgrenzungen der einzelnen Entwicklungsräume werden flächendeckend für den räumlichen Geltungsbereich des Landschaftsplans in der Entwicklungskarte dargestellt.

- Entwicklungsziel 1.1

"Erhaltung einer mit naturnahen Lebensräumen oder sonstigen natürlichen Landschaftselementen reich oder vielfältig ausgestatteten Landschaft"

- Entwicklungsziel 1.2

"Erhaltung einer für Sport, Freizeit und Erholung gut ausgestatteten Landschaft"

- Entwicklungsziel 1.3

"Erhaltung der derzeitigen Landschaftsstruktur bis zur Realisierung von Grünflächen durch die Bauleitplanung bzw. bis zur Realisierung von Grünflächen entsprechend der verbindlichen Bauleitplanung"

- Entwicklungsziel 1.4

"Erhaltung der derzeitigen Landschaftsstruktur bis zur Realisierung von Bauflächen durch die Bauleitplanung"

- Entwicklungsziel 2

"Anreicherung einer im Ganzen erhaltenswürdigen Landschaft mit naturnahen Lebensräumen und mit gliedernden und belebenden Elementen"

- Entwicklungsziel 3

"Wiederherstellung einer in ihrem Wirkungsgefüge, ihrem Erscheinungsbild oder ihrer Oberflächenstruktur geschädigten oder stark vernachlässigten Landschaft"

In der Festsetzungskarte werden die zur Erreichung der Entwicklungsziele erforderlichen Maßnahmen festgesetzt. Es sind: Schutzausweisungen, Zweckbestimmungen für Brachflächen, besondere Festsetzungen für die forstliche Nutzung sowie Entwicklungs-, Pflege- und Erschließungsmaßnahmen. Die Maßnahmen sind anhand von Planzeichen in die Festsetzungskarte eingetragen. Schutzausweisungen sind die Festsetzung von:

- Naturschutzgebieten
- Landschaftsschutzgebieten
- Naturdenkmalen
- Geschützten Landschaftsbestandteilen

Dabei werden jeweils der Schutzgegenstand, der Schutzzweck und die zur Erreichung des Zwecks notwendigen Gebote und Verbote bestimmt.

Nachdem diese Ziele erarbeitet wurden, werden sie zusammen mit dem Entwurf des Flächennutzungsplans veröffentlicht. Erst nachdem die Ziele des Landschaftsplans in den Flächennutzungsplan übernommen sind ist der Landschaftsplan behördenpflichtig. Die Umsetzung des Landschaftsplans erfolgt zum einen durch Inanspruchnahme von Fördermitteln sowie durch den Einsatz verschiedener Gruppen, die sich mit der Durchsetzung der relevanten Ziele befassen. Die konkreten Einzelmaßnahmen werden im Rahmen von Durchführungsplanungen gesondert erarbeitet, vorgestellt und beraten.

Zur Beobachtung und Kontrolle der Maßnahmen werden Monitoringprogramme und Dauerbeobachtungsflächen eingesetzt. Im Bundesnaturschutzgesetz ist die Umweltbeobachtung (§ 12 BNatSchG) - zu der das Naturschutzbezogene Monitoring gehört - als Aufgabe von Bund und Ländern verankert. Aufgabe der Umweltbeobachtung ist es, zielgerichtet den Informationsbedarf für den effektiven Schutz von Natur und Landschaft zu decken und dafür jeweils aktuelle Daten bereitzustellen. Die so gewonnenen Resultate werden im Landschaftsplan fortgeschrieben.

2.3. Die wichtigsten Schutzgebiete

2.3.1. Naturschutzgebiete (§ 23 BNatSchG)

Naturschutzgebiete (NSG) werden zur Erhaltung, Herstellung oder Wiederherstellung von Lebensgemeinschaften oder Biotopen bestimmter wildlebender Pflanzen- und Tierarten, aus wissenschaftlichen, naturgeschichtlichen, landeskundlichen oder erdgeschichtlichen Gründen sowie wegen der Seltenheit, besonderen Eigenart oder hervorragenden Schönheit einer Fläche ausgewiesen oder eines Landschaftsbestandteils.

In den Naturschutzgebieten sind alle Handlungen verboten, die zu einer Zerstörung, Beschädigung oder Veränderung des geschützten Gebietes oder seiner Bestandteile oder zu einer nachhaltigen Störung führen können. Die Naturschutzgebietsfläche in Deutschland beträgt mit Stand 12/2005 1.185.402 ha. Dies entspricht 3,3 % der Gesamtfläche. Überdurchschnittliche Flächenanteile von Naturschutzgebieten weisen die Stadtstaaten Hamburg (8,0 %) und Bremen (4,7 %) sowie die Länder

Brandenburg (6,9 %) und Nordrhein-Westfalen (6,8 %) auf. Unterdurchschnittlich sind die NSG-Anteile in den Bundesländern Hessen, Rheinland-Pfalz, Bayern, Berlin, Baden-Württemberg, Thüringen und Sachsen. Auch innerhalb der einzelnen Bundesländer bestehen z.T. große Unterschiede.

2.3.2. Landschaftsschutzgebiete (§ 26 BNatSchG)

Der Landschaftsschutz umfasst Maßnahmen zur Erhaltung, Entwicklung oder Wiederherstellung und Pflege der natürlichen und kulturellen Eigenart der Landschaft.

Die Landschaftsschutzgebiete (LSG) sind rechtsverbindlich festgesetzte Gebiete, in denen u.a. die Leistungsfähigkeit des Naturhaushaltes und die Nutzungsfähigkeit der Naturgüter, sowie die Vielfalt, Eigenart und Schönheit des Landschaftsbildes, sowie Tiere und Pflanzen besonders geschützt werden. Sie haben häufig eine besondere Bedeutung für die Erholung.

In Landschaftsschutzgebieten sind alle Handlungen verboten die den Charakter des Gebietes verändern können oder dem besonderen Schutzzweck zuwiderlaufen. Hierzu zählen insbesondere Eingriffe wie z.B. das Errichten oder Ändern von baulichen Anlagen oder deren Nutzung, Änderung von Gewässern, Ausschachtungen, und Aufschüttungen, Wegwerfen, Abladen oder Lagern von landschaftsfremden Stoffen oder Gegenständen, die Beseitigung oder Beschädigung von Bäumen (Baumschutz) und Pflanzen ohne ausdrückliche Genehmigung.

Es gibt derzeit 7.383 Landschaftsschutzgebiete mit einer Gesamtfläche von ca. 10,6 Mio. ha, dies entspricht ca. 29,9 % des Bundesgebietes (Stand 31.12.2005). Überdurchschnittlich hohe LSG-Flächenanteile weisen die Bundesländer Nordrhein-Westfalen, Saarland und Brandenburg auf. Waldgebiete besonders in den Bundesländern Niedersachsen, Nordrhein-Westfalen, Hessen, Thüringen und Bayern stehen häufig unter Landschaftsschutz.

2.4.   Der Landschaftsplan der Stadt Mainz

Der Landschaftsplan der Stadt Mainz beruht auf Grundlagen des Landespflegegesetzes von Rheinland-Pfalz und ist seit dem 29.3.1993 gültig.

Sein Maßstab beträgt 1:15.000. Art und Weise der Darstellungen sind mit denen des Flächennutzungsplans vergleichbar, jedoch mit einem anderen Inhalt versehen.

3. Literaturverzeichnis

BUNDESAMT FÜR NATURSCHUTZ, Internet: http://www.bfn.de (15.3.07)

BUNDESMINISTERIUM DER JUSTIZ (2002): Gesetz über Naturschutz und Landespflege, Internet: http://www.gesetze-im-internet.de/bnatschg_2002/ (15.3.07)

BUNDESMINISTERIUM DER JUSTIZ (2004): Baugesetzbuch , Internet: http://www.gesetze-im-internet.de/bbaug/ (15.3.07)

BUNDESMINISTERIUM FÜR UMWELT, NATURSCHUTZ UND REAKTORSICHERHEIT, Internet: http://www.bmu.de/naturschutz_biologische_vielfalt/bundesnaturschutzgesetzt/geset zestext/doc/2553.php (15.3.07)

BRUNOTTE, E. u.a. (Hrsg.) (2001): Lexikon der Geographie. Band 1 und 2. Heidelberg, Berlin.

ESCHER, A. u.a. (Hrsg.) (2005): Einführung in die Humangeographie 1 (Siedlungsgeographie) (= Mainzer Skripten zum Geographiestudium Band 1). Mainz.

HEINEBERG, H. (^{3}2006): Grundriss Allgemeine Geographie: Stadtgeographie. Paderborn.

KOCH, H.- J. und R. HENDLER (^{4}2004): Baurecht, Raumordnungs- und Landesplanungsrecht. Stuttgart.

LANDSCHAFTSPLAN MAINZ (1993): Erläuterungen zur Planung. Mainz.

LICHTENBERGER, E. (^{3}1998): Stadtgeographie Band 1. Begriffe, Konzepte, Modelle, Prozesse. Stuttgart, Leipzig.

NATURSCHUTZBUND, Internet: http://www.nabu.de/m06/m06_02/02347.html (15.3.07)

OPPERMANN, W., H. WIESELER und P. WRIEDT (1999): Die neue Bauordnung für Rheinland-Pfalz. Mainz.

SCHMIDT-EICHENSTAEDT, G. (2005): Städtebaurecht. Stuttgart.

SCHMIDT G., S. LANG und C. JEROMIN (2005): Kommentar zur Landesbauordnung Rheinland-Pfalz. München.

STADT MAINZ, Internet: http://www.mainz.de/WGAPublisher/online/html/default/hthn-5xkd2h.de.html?ServiceID=031118-26282-MM-99998:26282 (15.3.07)

STADTPLANUNGSAMT, STADT MAINZ (2000): Digitaler Flächennutzungsplan. Mainz